이 웃 집 고 양 이

이웃집 고양이

지은이 은성

그린이 포포

핑크젤리

여는 말

안녕하세요!
이 94편의 고양이 시는
2020년
긴긴 사회적 거리두기로
너무나 심심했던 한 초등학생이
집에서 냥이들을 지켜보고
함께 놀며 쓴 시입니다
재밌게 봐주세요!

2022년 5월 은성

태리

집사
엄은성

단쿵

초롱

차 례

까다로운 입맛

백만 가지 간식을 사 와도
먹는 건 한두 개

까다로운 심사위원은
오늘도 고개를 내젓네

수정구슬

가만히 냥이 눈을 쳐다보고 있으면
내가 저 눈에 빨려 들어갈 것 같다
블랙홀을 마주한 이 느낌

저 초록빛 눈을 보라
내 똥색 눈보다 천만 배는 아름답다

초록색 구슬 안에
또 타원형 검은색 구슬이 있고
검은 구슬 주위로
영롱한 빛이 뿜어져 나온다

예쁘다

내가 계속 쳐다보자
10센티 앞의 투명한 수정구슬도
날 바라본다
내 눈은 어때?

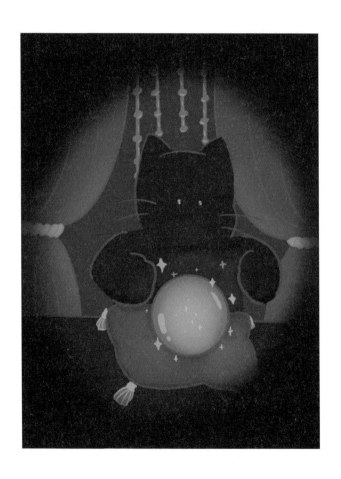

골골송 연주자

골골골골 골골골—
골골 골골 골—
굴곡진 저음이
무대를 뒤덮네

기분이 좋으면
언제든지 연주하는
나의 작은 아티스트

목을 악기 삼아
골골송을 연주하네
골골골 골골골

푹신한 이불 위에서
열린 소박한 연주회

궁디팡팡 앵콜에
다시 연주가 시작된다

고양이 코

신이 고양이 코를 만들 때
딸기 우유를 발랐나 봐

귀염귀염 마법을 걸었나 봐

언제나 촉촉하게
매일 매일 물의 요정이 다녀가게 했나 봐

더 예쁘게 예쁘게 만들려고
콧등에는 보드라운 털을 얹었나 봐

신이 고양이를 너무 사랑해서
집사를 사로잡는 능력을 줬나 봐

봐!
벌써 빠졌잖아!

울버린 고양이

샥!샥!
찌직—찌직

뾰족한 발톱을 내세우며
상처 하나 없는 말끔한 새 휴지를
맹렬히 공격하네

광채 나던 바닥이
휴지들로 뒤덮였네

찢겨진 휴지들이 떠다니는
혼란의 광경 속에
고양이 한 마리 기분 좋은 듯
걸어가네

고양이 박스

모서리 위에 얼굴을 올리고
구멍 두 개에 팔들을 집어넣어
배는 따뜻하도록 바닥을 향하고
꼬리는 품위 있게 반대쪽 모서리에 걸쳐
그리곤 귀를 쫑긋이 세운 채 눈을 감아

그거 너보다 작은 상잔데
안 불편해?

목욕하는 날

냐아 아아아웅~
미야 오 옹!
오늘도 난장판이다
옷은 젖어버렸고, 냥이들은 깽판을 친다
목욕하는 내내
애옹 애옹 구슬픈 울음소리가
화장실에 울리네

쫄딱 젖는
엄청난 치욕에 냥이들이 부들부들
동공이 커다래진 채
마지막까지 굳게 닫긴 화장실 문을
뚫어져라 바라보는 냥이들

마침내 목욕이 끝나고
냥이들에겐 좋은 향기가
집사에겐 긁힌 자국과
만신창이가 된 몸만이 남았네

삼각지대

오른팔엔 태리, 왼팔엔 단총이
배에는 초롱이
집사를 지키는 수호신인마냥
굳건히 식빵을 굽는다

털 뭉치들 덕분에 옆구리와 배가
따끈따끈

뜨뜻한 온도에
점점 노곤해지는 분위기

고요한 정적 속, 소나기처럼 잠이 쏟아진다

집사 인생 가장 행복한 시간이 흘러간다

고양이 알람

냐아아아 아우우웅
냥이 시계 알람음이 울리네
내 가슴팍 위에 걸터앉아
밥 달라 시위하는 수동 알람 시계
천근만근 감긴 내 눈이
뜨이기를 기다리네

시간은 새벽 6시에 맞춰놓은 채

주말에는 꺼주면 안 되겠니?

커피와 고양이

퐁퐁퐁 퐁퐁퐁

커피가 한 방울 한 방울

떨어질 때마다

킁킁킁 벌렁이는 냥이 코

커피 향이 집 안을 채워가자

작은 코에

흥분했는지 촉촉이 물이 맺힌다

분주한 엄마 손 따라

내려가는 커피 방울

영롱한 에메랄드 눈동자가

방울을 쫓는다

어때, 냄새 좋지?

집순이 집돌이

캣타워 위
바깥 구경은 좋아하면서
산책가자 하면 도망치는 냥이들

집 안에선 졸졸 따라다니면서
집사가 외출하면
가만히 지켜만 보네

들어가지 말라는 곳은 잘도 뛰어들면서
현관 밖으로는
안 뛰어나가는 녀석들

대체 왜?
대체 왜 밖에 안 나갈까?
궁금해 죽겠다

나는 잠깐 집순이
고양이는 평생 집순이 집돌이

겨울방학과 고양이

긴긴 겨울방학에
백수가 된 집사와 함께 있는 고양이들
아침해가 떴는데 빈둥대는
집사 보고 고개를 갸우뚱 갸우뚱

야옹, 야아아옹
놀아달라 보채는 소리에
비몽사몽 팔만 휘적휘적

열댓 가락의 깃털들이 휘둘리는
리듬에 맞춰 두 냥이의 눈동자가
이리저리 움직이네

꼬리는 살랑살랑, 엉덩이는 움찔움찔
겨울방학 첫날
아침 놀이가 시작되네

식빵

내 책상에 앉아있는
흑미 식빵과 밀 식빵

줄무늬가 예술적인 흑미 식빵
노란밀을 한 군데에 몰빵한 밀 식빵
책상 오븐 위에 사이좋게 앉아있네

흑미 식빵 턱을 쓰담쓰담해주면
골골 소리가
밀 식빵 엉덩이를 토닥여 주면
고롱고롱 소리가

음성기능까지 탑재된
우리 집 식빵 두 덩이
여름 햇살에 구워지며
털이 부푸네

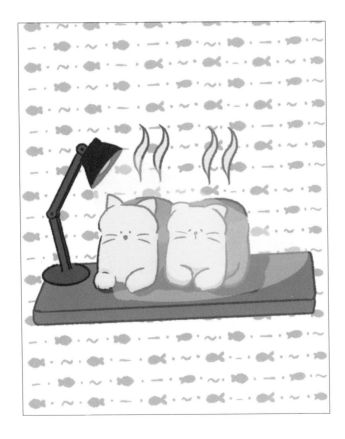

무릎 냥이

방바닥에 앉아
멍때리고 있자니
어느새 내 무릎에
편안히 주무시는 고객 한 분

그 귀여운 얼굴을
다리에 부비니
내 마음이 심쿵!

이제 숙제해야 하는데...
꼼짝도 못 하고 침대 노릇을 하고 있네

이러면 안 되는데...
이러면 안 되는데...
말 안 듣는 내 다리
어느새 내 눈길은 냥이에게
꿈나라에 빠져있는 냥이에게 향해있네

그루밍

싹— 싹— 쓱
오늘 하루 더러워진 털을
깨끗하게, 깨끗하게

분홍빛 혀가 둠칫둠칫 춤춘다

작은 일꾼이 지나간 곳들은
윤기가 촬촬촬

서서히 시간이 지나
축축하게 뭉쳤던 꽃망울이
줄줄이 꽃을 피운다

빨래를 마치자
기분이 좋은지
폴폴 털이 부푼다

이웃집 고양이

베란다 문을 열면 보이는 이웃집 캣타워
아, 그 냥이는 어떻게 생겼을까?
어떻게 집사를 괴롭혔을까?
개냥이 일까? 새침한 공주냥이 일까?
고양이어만 안다면 창문 밖으로
물어보고픈 심정이다
어이! 이보게!
너는 어떤 고양이야?
아마, 이건 확실하다
그 고양이도 벽지를 갈기갈기
찢어버린 적이 있을 것이고, 멀쩡한
스크래치는 놔두고
애꿎은 나무 가구들을 북북 긁어
집사의 뒷목을 잡게 했을 것이다
한밤중, 높은 곳에 올라가 쿵!
집사의 깊은 잠을 깨우기도
수십 번이었겠지
궁금하다, 이웃집 고양이

학교 가야 되는데

냐아아앙~
학교 가야 하는데 단총이가
졸졸졸 따라오네

내가 한 발짝 움직이면 들리는
총총총 소리
발 한번 뗄 때마다 단총이가 총총총
학교 가야하는데 가지 말라 보채네

옷방에 들어갈 때도
가방을 챙길 때도
신발장으로 갈 때도, 여전히 총총총
엉덩이를 두드려주면 바닥으로 철푸덕
단총이의 애교에 내 발이 굳었네

만져주다 학교에 늦어버린 나
내 발에 보이지 않는 밧줄이
휘감겼네

가출냥

더운 여름날, 우리 집 현관문은
가끔 열려있다
그럴 때면 슬금슬금 눈치를 보는 단총이
잠시 한눈을 팔면 '호다닥'
현관에 털들이 날린다
"와아아아아웅" "냐아아아..."
열 몇초 후 멀리서 들려오는 길 잃은
냥이 소리
남의 집 앞에서 별소리를 다 지른다
아랫집 멍뭉이도 멍 왈 왈
처량한 SOS 소리에
무거우신 몸을 받들고
집에 데려다 놓으면
엄마의 욕을 바가지로 들으며
바닥에 팔랑 엎어진다
집사 부려 먹으며 갑질 백수 생활
잘하고 있는데, 왜 저러는 걸까?

수다쟁이

냐옹~야옹~야옹~야아옹
갖가지 울음소리로 내 고막을
두들기는 단총이 녀석

밥 OK
화장실 OK
놀아주기 OK

집사의 임무를 완료했는데도
여전히 쫑알쫑알
작은 입으로 폭포처럼 말들을 쏟아내네
책 볼 때도 야옹
폰 할 때도 야옹
만져 줄 때도 야옹
말 대꾸를 해주면 더 열정적으로
냐옹냐옹
아무도 없는 빈방에 들어가서도
야옹야옹
어휴, 저 수다쟁이

명상냥

마치 명상하듯 인자한 표정으로
앉아있는 단총이
TV 앞에서 깊은 삼매에 들었네

몸은 고양이
얼굴은 부처님

TV에서는 엄마가 애청하는 드라마가
한창
"야! 단총아! 내려와! 안 보여!"
엄마가 소리쳐도 실눈 뜬 채
여전히 그 표정 그대로
그렇게 시간은 흐르고
드라마가 절정에 달하는 순간
잘생긴 남자 주인공은 사라지고
인자한 표정의 단총이가 주인공 얼굴에

"단총!!"

상추 도둑

탁탁 툭 팍!

또도독! 하읍하읍 !

단총이의 상추 뜯는 소리가 들린다

곧이어 들리는 엄마의 호통 소리

"안돼!"

"이놈!"

다시, 저녁 준비로 분주한 엄마

타다다다닥

단총이가 또 상추 한 장을 훔쳤다

아까 엄마가 준 상추는

한 입만 뜯고 쳐다도 안 보는 녀석

역시나 이번에 훔친 상추도

한 입만 와삭 베어 물고

또 식탁으로 향하는 단총이

뒤늦게 내가 막으려고 해봤지만

이미 세 번째 상추를 뜯고 있네

와사삭

바구니 속 상추가 자꾸 없어진다

민들레 홀씨

단총이 털은 민들레 홀씨

후후 불면 날아가는
민들레 홀씨처럼
살짝만 만져도 훌렁훌렁 빠진다

단총이를 만지면
내 손은 털 수북한 동물 손

선풍기 앞에 서면
털은 다 휘휘 날아가고
발가벗은 단총이만 남을 것 같은
연약하고도 연약한 단총이 털

걸을 때마다 홀씨가 휘날린다

꼬리 안테나

엄마! 단총이 살찐 거 같지 않아?"
그렇지? 좀 찐 거 같지?
샥!샥!
단총이 꼬리 끝이 움직인다

얼굴은 무관심한 척
딴 데 보고
꼬리는 우리 얘기에 귀 기울이며
이리저리 왔다 갔다

자기 얘기하는 걸 아나?
계속 움직이는 단총이의 꼬리

궁금하니?
너 살찐 거 얘기하는 거야

상상 친구

냐아아옹! 와옹!
오늘도 집안이 들썩들썩

싸우는 줄 알고 재빨리 가보니
단총이 혼자 왔다 갔다 바쁘네

타다다닥
잔디 위에서
뛰노는 상상을 하는 걸까?
이리저리 왔다 갔다
누가 안 놀아줘도 혼자 잘 노는 단총이

사람이 하면 AdHd
냥이가 하면 귀여움 그 자체

세수

할짝, 부비부비
팔을 허우적대며 열심히
세수하는 단총이
다른덴 안 하고 눈만 부비부비
나는 눈곱만 떼는 냥이 세수하면 혼나는데
왜 이 녀석은 안 혼날까?
이 녀석은 침으로 세수하는데
어째서 침 냄새가 안 날까?
참 신기하다
과연 청결한 게 맞을까?
참 의심스럽다
신기하고, 의심스러워도
나도 너처럼
대충 세수하고 싶어

쩍벌냥

단총이
평소 점잖은 모습을 하다가도
이따금 발라당 뒤집어져 고양이 아닌
사람의 모습으로 태평하게 잠을 자네

양쪽 뒷다리를 쭉 뻗고
앞발을 살짝 접어 귀여운
그 모습 그대로 곯아떨어지네

쩍벌냥 단총이의 눈이 감김과 동시에
내 베개에 털들로 뒤덮인
토실토실한 냥이의 머리가 뉘었네

완벽한 대자 자세로
숙면을 취하는 냥이 하나
사람 같은 녀석

큰 엉덩이

드르륵
냥이들의 재촉에 연 베란다 문

고양이는 좁은 통로를 좋아한다 해서
좁게 열어줬더니 태리만 쏘옥
단총이는 머리만 빼꼼
엉덩이는 택도 없네

옴짝달싹 못 하는 단총이의 엉덩이
성난 꼬리만 이리저리 팔락팔락
곧이어 단총이 다리가 부들부들

눈물 나게 웃다가 문을 열어주니
잔뜩 날이 선 목소리로 야옹야옹
솔직히 많이 웃겼어
미안

뚱냥이

위이이이잉, 위이이이잉
청소기가 가까이 지나가도
꿈쩍도 하지 않고
발만 슬쩍 비켜주는 단총이

옛날엔 청소기 소리만 들리면
줄행랑을 쳤는데
지금은 눈알만 요리조리

높은 곳에 올라갈 때도
한참 뜸을 들이다 겨우겨우 폴짝
한 해 한 해 지날수록 뱃살이 축
엉덩이 살이 토실토실
뛰어내릴 때 무릎은 괜찮은 거니?

단총아!
다이어트 하자

발가락

발을 쭉 뻗고 누우면
단총이가 총총총 찾아온다
마치 발가락에 홀린 것처럼
포슬포슬한 얼굴을 엄마 발에 비벼댄다

어두컴컴한 늦은 시간에
하루의 끝을 알리는 단총이의 부빔
그 부드러운 부빔을 나도 받고 싶다

그러나 야속하게도
엄마 발을 더 좋아하는 단총이
내 발에도 비벼주면 한이 없겠네

엄마 발 옆에 내 발을 쓱 갖다 대본다
단총아, 나도

헤어볼

켁! 꾸엑!!
컥...꾸르르

단총이 입에서 털들이 와르르르
하양 주황 털들이 바닥으로 쏟아지네

간식 덩어리와 엉켜있는
색색의 구름 세 점
평범했던 털구름이 먹구름 마냥 젖었네

으, 비린내

고약한 비린내까지 갖춘
단총이의 털구름

우리 집 바닥에 냄새나는
비가 내렸네

대머리 고양이

단총이를 빗길 때
발견한 크게 뭉친 털들
병원에 가 밀자
단총이 등 한가운데 사막이 생겼네

윤기 철철 넘치던 털들은 어디 갔나
우리 단총이 등이 대머리가 되었네

약을 찹찹 바르면
전등 빛에 단총이 등이 반짝

털이 자랄 때까지
단총이는 대머리 고양이
등에 빵구가 난
귀여운 내 고양이

바둑알

쿠엑....케학!
단총이의 입 밖으로
토들이 쏟아지네

토하고 나선 물을 벌컥벌컥

혹시 범백이 아닐까
의심하던 찰나
입에서 나온
흰 바둑알 세 알

왜? 왜?
대체 저것을 왜?

여전히 토를 멈추지 않는 단총이
급히 병원으로 향하네

찰칵!
엑스레이에 찍힌 단총이의 몸속
눈에 띄는 소장 안의 동그란 형체

긴급히 단총이가
수술실로 옮겨지네

큰 수술을 마치고
의사 선생님이 내 손에 쥐여준
검은색 바둑알 하나

형광등 불빛에 조약돌처럼
반짝이네

길

내 몸 위에는 길이 많다

단총이가 지나다니는 길이 많다

언제든지 내가 누워있기만 하면
길은 열린다

잠을 잘 때도, 누워서 쉬고 있을 때도
나를 밟고 지나간다

자주 이용하는 길은 배고
가끔은 명치를 밟고 간다

그 육중한 몸으로
처음 내 명치를 밟았을 때
죽는 줄 알았다

크헉! 컥...!
터져 나오는 신음

그리고 뻔뻔하게 걸어가는 단총이

집에서 고양이한테 밟혀서
기절할 뻔했다

다른 길도 많은데, 나만 밟는다
엄마는 절대 밟지 않는다
내가 우스운가?

찰칵

"태리야, 그 자세 그대로 있어!"
오늘도 나는 핸드폰을 집어 드네

돌같이 가만히 있어 주는 태리를 보고
감격하며 셔터를 누르는 순간
태리의 입이 위아래로
쩌억! 벌어지네

요 녀석! 하품하는 타이밍도 참

그래도 포기하지 않고
다시 초점을 맞추네

"태리야, 여기 봐~" 찰칵!

하지만, 갤러리에 남은 건
형체를 알아볼 수 없는
흔들린 사진뿐

나의 요가 선생님

쭈욱~
태리 팔이 앞으로 늘어진다
엉덩이는 치켜세우고 팔은 앞으로 쭉
나도 따라 팔을 쭉쭉
이번엔 얼굴을 위로 들고
앞발로 땅을 짚고 무릎도 땅을 보는 요가 쌤
아직까진 모두 잘 수행하는 나
그리고 마지막 단계에 들어가는 태리
스윽 ~ 쭈욱~
한쪽 발을 위로 뻗는 선생님
"선생님, 너무 힘들어요"
"여기서 어떻게 해야 하나요?"
내가 말하자마자
다음 단계에 들어간 쌤
할짝할짝
할짝찹찹
마지막 단계는 똥꼬 핥기
선생님!
저는 고양이로 태어나면 해볼께요
태리의 요가 강좌
끝!

태리와 나의 서열

여느 때처럼 태리의
구름같이 하얗고 말랑말랑한
배에 홀려 만지다 태리가 작고 귀여운
이빨로 내 손을 물었네

잠시, 정적이 흐르다
내 손을 놔주더니
할짝할짝 핥아주네

이빨 자국 남은 내 손을 아프지 말라고
핥아주려는 건가 생각이 들어
감동 젖은 눈으로
태리를 바라보았네

어떤 뜻인지 검색해 보았더니

서열 높은 고양이가
서열 낮은 고양이에게 하는 행동이라고...

전투냥 태리

팍!

오늘도 단총이가 잘 쉬고 있는

태리를 건드네

퍼버버벅 파파 팍!

잠시 후 들려오는 단총이의 맞는 소리

먼저 때렸는데 피하지도 못하고

처맞고 있네

덩치도 태리보다 두 배나 큰데

지고 있는 단총이

크고 굵은 주먹은 써보지도 못하고

맞고만 있네

말려야 하는데 너무 웃겨

말리지를 못하는 나

파팍! 툭툭 퍽!

타다 다다닥!

결국 도망가는 단총이

역시, 우리 집 여전사 태리

태리가 제일 예뻐

단총이를 봐도, 초롱이를 봐도
태리가 더 예뻐

내 야옹이 포스트 카드 100장을 봐도
태리가 더 예뻐

조그만 핸드폰 속 담긴
거대한 인터넷 세상의
예쁘고 멋진 냥이들도
우리 태리를 이길 순 없어

태리가 제일 예뻐

잠꼬대

..끄응...뫄오왕!
이상한 소리를 내며 잠꼬대하는 태리
무슨 꿈을 꾸는 걸까

툭!
사랑스럽게 자는 태리를 바로 옆에서
지켜보다 내 코에 날아온 냥펀치

툭톡 퍽팍툭 툭툭
점점 과격해지는 펀치들과
기분 좋게 맞고 있는 나

툭 퍽퍽!
프우...쿠아...
태리의 잠꼬대가 또 시작됐다

꾹꾹이

자려고 이불 위에 누웠다
그런데 갑자기 태리가 성큼성큼 다가오더니
내 다리 옆에 자리를 잡고
골골송을 부르며
내 다리를 꾹꾹 눌러 마사지를 시작했다

하지만 그것은 겉으로나 마사지지
한번 누를 때마다 뾰족한 발톱을 세워
살갗을 찌른다
정성스러운 마사지가 끝나면
내 다리엔 깊은 자국들이 여기저기

나는 가끔 마사지를 받는다
아주아주 극도로 시원한 마사지를
기분은 좋았는데, 너무 아팠다
태리야, TV에서 봤는데
꾹꾹이는 그렇게 하는 거 아니래

나방사냥

나방들이 파닥대는
뜨거운 여름날

베란다 문지방을 넘어
반점이 군데군데 있는 갈색 나방이
그 뒤를 잇는 태리와 함께
방 안으로 들어왔다

"끼야아아악!"
터져나오는 내 비명소리
열렬히 파닥대는 나방이 태리 몸에
찰싹 달라붙어 있었다

갈색 가루를 길길이 흩뿌리며
매우 흥분해 이성을 잃은 태리와
한 몸이 되어 부대끼고 있었다
이 얼마나 끔찍한 일인가

그리고, 곧 태리는 나방을 깨물었고
초유의 사태가 발생했다
"태리야! 그거 먹지 마!"
"끄악!"

나방의 열렬한 파닥거림이
순식간에 멈췄다

태리의 입에서 떨어진 징그러운 나방은
배 부분이 터져 검은색 내장이
흘러나오고 있었다.
"엄마! 엄마! 우욱..."

그날 오후, 태리는
오랫동안
아주 오랫동안
가는 비명을 질러가며 목욕을 했다

태리 언니

태리는 예쁘고 잘생긴
잘생쁨!

카리스마 넘치는 암컷 늑대처럼
잘생쁨인 우리 태리
볼 때마다 후광에 눈이 부시다

거기다 누구든지 무릎 꿇린
우리 집 서열 1위
강인한 전사에
우아하고 매혹적인 자태까지
뭐든 다 가진 고영희 태리

역시
우리 언닌 너무 멋져

독서 방해꾼

책을 읽을 때마다
하늘에서 내려온 큐피드처럼
태리가 내 가슴에 화살을 박는다

퓽 하고 날아와
심장에 박힌 화살은
바로 태리의 애교

내 배 위에 앉아 나를 바라보는
태리가 얼마나 예쁜지

오늘도 독서 방해꾼을 이겨내지 못한 나
책이 바닥 위를 나뒹군다

중성화 수술

부웅~바깥세상이 무서워
부르르 떨고 있는 태리를 태우고
동물병원으로 향하네

냐옹~냐옹~와웅~
몸을 떠는 태리가 마구마구 울어대네

잠시 후
"시작할게요"라는 말과 함께
새하얀 가운을 입은 의사의 품에 안겨
수술실로 옮겨지네

안겨 가는 순간에도
처절히 우는 태리
마취와 함께 시작되는 수술

몇 시간 뒤
좁은 칸에서 쉬고 있는 태리
울 힘도 없는지
입 모양만 씰룩씰룩

목에 플라스틱 사자 갈기를 붙인
태리의 모습이 짠하다
집에 와서도 목에 찬 넥카라 때문에
벽에 콩콩 부딪히네

그리고
들리는 신음
태리야, 미안해...

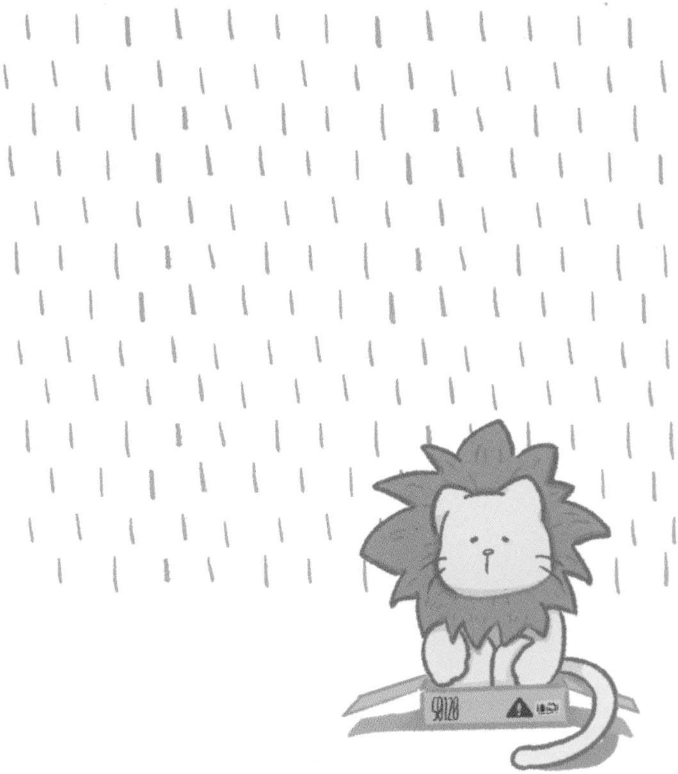

초롱이

오늘 4시, 우리 집에
아기 렉돌이 왔다

이름은 초롱이

여름날 푸른빛 바다처럼
눈이 초롱초롱 빛나서 초롱이다
멀리 전학 간
친구가 지어줬다

내 맘에 쏙 드는 예쁜 이름이다

첫인사를 한 뒤, 삐딱한 우리 어르신들에게
청천벽력 같은 소리를 했다

애들아, 동생 왔다!

땅거지

합냠냠 얌냠냠
먹다가 떨어뜨린 삶은 계란 노른자를
모이 쪼는 새처럼
초롱이가 주워 먹네

조각조각 여기저기 떨어진 노른자를
　　　찹찹찹

코에 묻은 눈곱만한 가루까지
　　　찹찹찹

개미핥기의 긴 주둥이에
빨려 들어가는 개미처럼
노른자가 쪼끄마한
입 속으로 쏙쏙쏙 들어가네

아무래도 우리집에
땅거지가 사나보다

에너자이저

빛처럼, 빠르게, 맹수처럼
달리고 달리고 달린다

피슝 피슝 날아다니는
2개월 아깽이

초롱이가 놀기 시작하면
그곳은 곧 아수라장

새 장난감은
하루 만에 목이 끊어지고
양말들이 바닥에 만개하고
물그릇이 엎질러지는
초롱이의 대환장 놀이

다 크면 안 그러겠지?

액체냥

두께 10cm 토퍼 위에 반
방바닥 위에 반
흐물텅한 몸뚱이를 반반 나눠 올려둔 채
그대로 잠든 초롱이

시간이 지날수록
스믈스믈 내려온다
마치 액체 괴물처럼
찐득하게 조금씩 조금씩 떨어진다

밑에 있던 베개에
머리를 콩 박고 나서야 실눈을 슬쩍

그대로 주워서 안았더니
다시 흘러내린다

고양이 액체설은 진짜였나 보다

날 더 좋아해 줘

오늘도 엄마만 졸졸 따라다니다
엄마 머리맡에서 잠든 초롱이

너의 폭포처럼 쏟아지는 애교와
별처럼 예쁘게 빛나는 눈빛과
기분 좋다는 골골거림을 받는
엄마가 부러워

부러워 부러워 부러워
네가 날 더 좋아해 줬으면 좋겠어
질투나

냥냥이 납치

캣타워 위에서
곤히 자고 있는 귀여운 초롱이는

동글동글 암모나이트처럼
자고 있는 그 자세 그대로
조심스럽게
집사의 배 위로 납치되었다

지금 헤벌쭉 웃고 있는
범인의 얼굴도 모르고
새근새근 잘도 잔다

끙끙 잠꼬대를 하면
마음이 조마조마
자면서 귀여운 포즈를 취하면
집사 마음이 벅차오른다
아아, 납치범은
너무나 행복하구나

다 이 빙

높디높은 책꽂이 위
자세를 잡는 초롱이

가슴을 펴고
엉덩이를 꿍실꿍실
꼬리를 갸웃갸웃

마침내 순진한 집사의 배 위로 다이빙!
집사의 신음과 함께, 10점!

초롱, 날다

그 소리

뿌직, 툭! 파바바박
들려오는 불길한 소리
곧, 내 코에 태리의 똥냄새가 와닿네

똥을 처리하기 위해
출동하는 우리 엄마

'이제 내 코는 안전해'라고 생각할 즈음
다시 뿌직, 툭! 투욱!
단총이가 한 발을 들고 일어서서
요상한 자세로 똥을 싸네

작은 똥꼬로 엄청나게 큰 똥을
또옥또옥 떨구는 단총이

왜 둘 다 똥 싸는 시간이 같은지
고생한다, 내 코야

똥꼬 체크

뽀지지지지직
토도도도독 뿌직
사료 안 먹고 간식만 먹더니
결국 단총이가 설사를 했다

호다닥 자리를 피하는 단총이를
내가 도도도도 쫓아간다

코를 막고 꼬리를 들어 올리자
나타나는 묽은 똥들
물티슈로 똥꼬를 쓱싹쓱싹

단총이가 똥 쌀 때마다
출동하는 물티슈 레인저

오늘도 물티슈 2장 들고
똥쟁이와 싸운다

눈치 없는 놈

"밥 먹어~" 라는 말과 함께
식탁에 따끈따끈한 카레가 놓였다

"밥 먹어~" 라는 말과 함께
단총이가 화장실 모래에 발을 올렸다

숟가락에 밥을 올려 후후 불고 있는데
내 코를 찌르는 지독한 똥냄새
아차 싶어 화장실을 슬쩍 보니
단총이 똥꼬에서 똥들이 줄줄이 떨어진다

꼭 밥 먹을 때에 맞춰 뿌직뿌직
6시에 먹어도, 7시에 먹어도
밥 먹을 때만 똥을 싼다

맛있는 밥 향기와
후각 마비 똥냄새를 같이 맡는 심정이란
하... 눈치 없는 놈

감자 캐는 어린이

파바바바박
뿌직, 투둑, 폭
파바바바바바박

'그 소리'에
오늘도 감자를 캐러 간다

하늘에서 떨어진 감자들을
삽에 소복이 담아 변기통에 퐁퐁퐁

뜨끈한 감자도, 김이 식은 감자도
모두 함께 퐁퐁퐁

하루에 한 번
나는 감자를 캔다

안 나와

들어가고 나오고
들어가고 나오고
들어가고 나오고
들어가고 나오고
들어가고 나오고
들어가고 나오고

화장실 앞에 모래가 잔뜩 쌓였네
너, 변비야?

급똥

타다다다탓
파바바바밧
파바바바바박
단총이가 전력 질주하며
화장실로 뛰어가
심히 열정적으로 모래를 파고
똥 쌀 자세를 취한다
앞발을 화장실 턱에 척 올리곤
엉덩이를 든 채 뿌직 똑
언제나처럼 특이한 자세로
똥을 뚝, 뚝, 뚝 떨어뜨린다
맛동산이 투둑
홈런볼이 토도독
두부모래 위 공기를 가르며
빠르게 떨어지는 똥 덩어리들
똥들이 떨어져 갈수록
단총이 엉덩이의 부들거림이 잦아든다
급똥이군

저건 똥이야

파바박, 파바바바박....
내가 말했다
"저건 똥이야! "
엄마가 말했다
"왜? 똥 냄새가 안 나잖아."
"아냐, 지금 막 냄새가 기차를 타고
오는 중인 거야
"아니야, 모래 파는 소리가 짧았어."
"아니야, 저건 똥이야

결과는, 쉬였다
내가 졌다

덮어도 덮어도

삭삭삭 삭 파바바바박 삭삭
모래를 덮고, 덮고, 또 덮고
계속 계속 파바바박

작은 모래가
바위가 되도록
언덕이 되도록
산이 되도록 파바바박

네가 두 발로
열심히 열심히 덮어도
갈색 맛동산이 보여

배웅

"갈게~잘 있어~!" 하고
여행 가기 전 인사했는데
내 말을 무시하고 편안히 뒹굴고 있는
냥이들

배웅은 개뿔!
본체만체 흘깃흘깃

그래도 야옹 한번은 해줘야 하는 거
아닌가?
냥이들은 쿨하기만 하다

"간다! 진짜 간다!"
몇 번 쳐다보다 아무 관심 없는 녀석들
흑
너희 개냥이 아니었니?

여행

밖에는 죽어도 안 나가는
냥이들을 놔두고
여행을 떠나네
떠나있는 동안 냥이 생각이 송송송
잘 있으려나 걱정이 퓽퓽퓽

여행 끝나고 집에 도착하면
냥이들이 외로웠다는 듯
얼굴을 부비부비
기분이 좋은 듯 꼬리를 치켜드네

하지만 얼마 못 가 발견한
폭탄 맞은 물건들
나는 "에라 모르겠다" 눕고
엄마는 치우느라 바쁘네

패션쇼

관객들이 들어찬 고양이 카페 속
각양각색 모델들이 패션쇼를 하네

예쁜 옷 차려입고 무대 위를 총총총

첫 번째 모델은 새까만 검은 옷을
두 번째 모델은 진한 갈색 옷에
검은 장식을 총총 박았네
세 번째 모델은 바닥에 끌리는
새하얀 긴 드레스를
네 번째 모델은 표범처럼
호피 무늬 옷을
다섯 번째 모델은
검은 반점 젖소 무늬 티셔츠를

커피 향이 젖어 든 시끌벅적한 이곳에서
고양이들이 멋진 걸음을 내딛네

고양이 마네킹

여행 중에 마주친
신기한 가게

고양이 마네킹이
선반 위에 놓여있네

너무 똑같아서 깜짝 놀란 나

만든 사람이 대단하다 생각하며
다가가던 찰나
좌악 벌어지는 노랑 마네킹의 입

명품 연기였다
노랑아

책방 개냥이

엄마 친구 책방에는
초초초 개냥이가 있다

초면인 걸 잊게 할 만큼
얼굴을 부벼댄다

손 한번 내밀었는데 격하게
스킨십을 하는 녀석은 네가 처음이야
단총이도 이 정돈 아니었는데...

초면인데 코를 맞췄다
초면인데 무릎을 내어줬다
초면인데 뽀뽀를 해버렸다

지금 너는 잘 지내고 있니?
보고 싶다
책방 개냥이

흰 양말

아직 책방 문도 안 열었는데
먼저 와 기다리는 냥이 손님
빨리 밥 달라고 재촉하네

그 와중에 눈에 띄는 손님의 패션
요즘은 이런 게 유행인가

윗도리도 검은색
바지도 검은색
양말은 하얀색

가만 보니 양말 길이도 짝짝이
왼쪽은 긴 양말
오른쪽은 짧은 양말

161

책방 앞 맛집

잔잔한 물결 일렁이는
푸른 바다가 보이는 책방에
귀여운 손님들이 쫄랑쫄랑 찾아오네

산들바람 부는 파릇파릇한 뒷산에서
코끝 간질이는 맛있는 냄새 맡고
이끌리듯 내려오는
각양각색의 냥이들

소문난 식당에
손님들이 줄을 서고
따스한 햇살 비치는
테라스에서 호화로운 멋진 식사를 하네

평화로운 책방 앞은
오늘도 냥이 손님들로 북적북적
식당 주인이 바삐 움직이네

5월의 더위

철푸닥
현관 바닥에서 눕방을 찍는 단총이

뱃살 고이 접어두고
시원한 바닥에서 숨을 고르네

태리는 베란다 그늘에서
식빵을 굽고
나만 더위를 피해 쏙 들어갈 곳이 없네

녀석들
잘도 시원한 곳만 찾았군

아직 5월인데 뜨거운 해가 쨍쨍
아직 5월인데 온도는 7월 한낮
아직 5월인데 에어컨 틀게 생겼네

핑크 젤리

고양이 발에 있는
작은 곰 발바닥

너무 귀여워 만지려 하면
내 얼굴에 냥냥펀치가 날아오네

바닥에 덩그러니
누워있는 우리 집 고양이
편안히 발 뻗고 자고 있네

둥글둥글 튀어나온 핑크 젤리
귀엽기도 하여라

불쌍한 커튼

찌익~ 툭!
무언가 찢어지는 소리가 날카롭게
들려오네
침을 꿀꺽 삼키고
조심스레 방을 돌아보는 나
역시나!
안 그래도 냥이들의 발톱 갈이를
견디지 못했던 불쌍한 커튼은
오늘 아침 제 명을 다했네
아... 내 소중한 낮잠 시간이
눈 떠 있는 시간으로 변했네
그리고 들리는 엄마의 고함
"이 놈들!" 한마디에
냥이들은 책상 밑으로
잠시 후, 나에게 다가와 애교를 부리고
엄마에게도 부비적부비적
그 후 다시는 달리지 않는 커튼
커튼 봉만 덩그러니 남아있네

오, 나의 캣잎

뚜둑!

냥이들 못지않게
사랑을 준 캣잎들을 내 손으로 뜯네

아삭, 쩝쩝
큰 캣잎 두 장을 1초 만에
먹어버리는 냥이들
내 피 같은 캣잎들이 1초 만에 사라졌네

냥이들은 만족하지 못했는지
나를 재촉하고
내 발걸음은 또다시 베란다로 향하네

찌직, 따닥, 뚜둑!
캣잎 한 장을 뜯을 때마다
내 마음이 뚜둑뚜둑

캣잎들이 먹히는 걸 볼 때마다
내 마음이 갈기갈기

분명
냥이들을 위해
이날만을 위해 키웠는데
어째서
내 마음은 캣잎과 냥이들 사이를
떠돌고 있는 걸까

뜯어야 하는데
캣잎을 뜯는 내 손이 떨린다

캔 따는 소리

딸깍!
캔 따는 소리에
빛의 속도로 달려오는 세 냥이
어서 달라고 두 발로 서서
야옹야옹 재촉하네

집에 놀러 온 이모가
맥주캔을 따도
베란다에서 놀다가 뛰어와
얼른 내놓으라고 야옹야옹

캔 따는 소리만 나면
달리기 선수로 변신하는
우리 집 먹보 냥이들

여긴 내 자리

화장실 갔다 왔더니
길쭉한 냥냥이가 키보드에 뻗어있다
잠깐 자리를 비우면
그새 풀썩 드러눕는 진상냥들

따뜻한 컴퓨터 위에서
온몸으로
타자를 친다
zzzzzzz///////
흘러내리는 엉덩이 주워 올리며
좁은 키보드에 다시 자리 잡는 냥냥이
세상 편해 보이는 얼굴로
잠에 빠지네

부추

김치전을 위한 소중한 부추들이
식탁 위에 놓였네

엄마는 쓰레기 버리러
나는 TV에 빠져있을 때쯤
조심스레 움직이는 그림자 두 개
부스럭, 바스락 들리는
불길한 소리
툭툭 투두둑 투툭

아, 부추의 안전을 확인하러
뒤늦게 가보았으나
이미 냥이들의 발톱으로 심히 뜯겨진
부추 한 덩이

결국 그날 먹은 건 부추 없는 김치전
친구 잃은 파들이
쓸쓸히 돋보이네

소파

불행히도 냥이의 집에 온 소파

일주일 만에
살갗은 처참히 벗겨지고
허연 속이 다 드러났네

냥이들의 발톱 갈이 한 번에
살점이 후두둑 후두둑

그래도 앉을 수나 있다면 다행이지
푹신한 소파는 냥이들의 것
왼쪽엔 태리가 발 뻗고 누워있고
오른쪽엔 단총이가 배를 보이며 졸고 있네
이래서야 앉을 수나 있겠나
서서 냥이나 만져야지

청국장

탁!
오랜만에 식탁에 올라온 청국장

흡! 냄새

결국 후각을 버리고
맛있게 먹은 나
식사 시간 후
입 냄새를 맡고 싶어 하는
이상한 냥이들이 나를 보채네

호~오
얼굴에 불어오는 청국장 냄새에
냥이들이 경악하네

냥청한 얼굴로 그 자리에 얼어붙은
녀석들
미안해...
청국장 먹었어

찹찹이

어둠 속에 들려오는 쪽쪽소리
자다가 이불을 끌어당기다
깜짝 놀라네
으, 축축해

수염

태양이 쏟아내는 햇빛의 방향처럼
아래로 내려가 있거나
미소 짓는 입처럼
올라가 있는 냥이들의 수염

최애 장난감으로 놀아주면
수염이 앞으로 쑤욱
밖에서 소리가 나거나 청소기를 돌리면
뒤로 쏙 후진하는
열댓 가락의 수염들
병원에 갈 때는 볼에 딱 붙여놓곤
뒤로 쭈욱 당기네

볼수록 신기한 냥이 수염
그나저나 고양이 수염은
주우면 행운이 온댔는데
무릎걸음으로 바닥을 살피네

이불 장례

뚜두두두둑
뿌드드득
빠드득
이불 터지는 처참한 소리

이불의 상태는 한마디로
"붕대 가져와!"
뽕뽕 뚫린 구멍들과 뜯긴 실밥들

새로 사 온 새 이불
얼마나 버티려나
100일도 채 안 돼서 죽어간
불쌍한 이불들

오늘도 커다란 쓰레기봉투에
이불 장례를 치른다
더 튼튼한 이불이 필요해

우다다다

밤 12시부터 시작되는 광란의 질주

우다다—우다다다—
달리기 시합을 하는지
엄청난 속도로 달려가네

"제발 조용히 해"라고 외치면
잠시 정적이 흘렀다가
다시 우다다다

자기 전에 놀아줘도
또 우다다다
그러다 들리는 불길한 소리
우당탕! 쿵!

집사 마음 아는지 모르는지
오늘도 우다다다
한밤중에 뛰노는 꼬마 악마들

빨간 점

고양이 털 흩날리는
바닥 위로 이리저리 움직이는
빨간 점 하나
우리 집 고양이들 엉덩이가 꿍실꿍실
고개가 갸웃갸웃

잠시 후 로켓처럼 발사되는
고양이 두 마리

어느샌가 빨간 점은 태리 발등 위에
사냥 실패한 뚱냥이 단총이는
시무룩한 표정으로
한 번만 더라는 듯
애처로운 눈빛을 보내네

숨숨터널

숨숨터널이 왔다
지렁이 같은 터널을 조립해
도넛 모양을 만들었다
조그마한 구멍으로 냥이들이 숑숑숑

잠시 후 들리는
스펙타클한 노는 소리
와다다다다 지익 직 투투투툭
미지의 동굴을 탐험하는
냥이들은 매우 흥분돼있다
쉬지도 않고 미친 듯이 돈다

손가락을 터널에 갖다 대면
내 손가락을 향해 파바바바박

그래, 너희들이
잘 놀아줘서 행복해

근데 꼭 밤에만 그래야겠니?

길고양이

까득~까드득~

저 멀리 고양이 한 마리
주춤거리며 밥 먹는다

호기심에 따라가면
차 밑으로 쏙 들어가고
귀여워서 다가가면
야아옹! 하고 소리치네
야옹? 하고 인사하면
캬악! 하며 답하네

하지만 그 귀여운 얼굴과
매력적인 발을 보다 보면 자꾸자꾸
다가가고픈 유혹에 빠져드네
결국, 오늘도
나비 따라가듯
고양이를 따라가네

태풍

태풍이 우리 집을 두들긴다

창문이 흔들흔들 춤을 추고
문이 비트 맞춰 쾅쾅쾅

온 집안이 들썩거릴 때마다
내 마음은 바들바들
냥이들도 파들파들

오늘은 태풍이 몰아치는 밤

집이 공연을 하고
우리들이 이불 속에 숨어버린 밤

무서운 아저씨

택배 왔습니다~
드디어 내가 기다리고 기다리던
택배가 왔다
갑자기 찾아온 손님에 놀란 토끼 눈이
하나 둘 셋 넷
귀가 뒤로 젖혀지고, 꼬리가
아래로 내려가고
우왕좌왕 방황하다
책상 밑으로 쏙 들어가네
현관문을 열자 벌벌벌 떠는 냥이들
'바보! 아저씨는 너네 안 잡아가'
발소리가 들리지 않을 때쯤
문 쪽을 살피더니, 택배 상자를 킁킁킁
캔을 따자마자 찹찹찹
그거 너희가 그렇게 무서워하는
아저씨가 갖다준 건데....
맛있게도 먹는구나

잠보

초보 집사였을 때
"학교 갔다 올게! " 라고 말할 때마다
'나 없으면 슬퍼하는 거 아냐?' 하는
걱정이 폴폴폴 솟아났다

철컥
"갔다 올게!"

철커덕
"나 왔어 ~" 하니

한참 후 조용하던 집 안에서
총총총 발소리가 들린다
눈에 노란 눈곱은 뭐지?
어?
태리는 내가 온지도 모르고 자고 있네?
내가 쓸데없는 걱정을 했군
이런....잠보 녀석들

검은 옷을 입고 오지 마

우리 집에 검은 옷을 입고 오지 마
만약 입고 온다면
그 옷은 다시는 못 입어

털 공

여름!
돌아온 지옥의 털갈이 시즌
가만히 있어도 털을 뽑어내는 냥이들
복슬복슬 털들이 구름이 되어
비가 되어 포르르 포르르 내리네

가만둘 수는 없지
브러쉬를 집어 드는 집사
비장한 표정으로 냥이들을 빗기네
한 번 빗을 때마다 털이 한 움큼
털들이 산처럼 쌓여가네

마침내 끝났을 때
털 산을 집어 들어
조물조물 꾹꾹
집사의 수작업으로 완성된 동그란 털 공
주황색, 하얀색, 검은색
우리 고양이들을 닮은 털 공들

냥이들이 신기한 듯 킁킁킁
그래, 그거 다 너희 꺼야

꼬리 없는 고양이

엄마 배 속 영양분 못 받아
꼬리가 짧아진 가여운 고양이들

배고파서 울부짖는 소리를 들으면
내 마음이 울컥울컥
짧고 짧은 몽땅한 꼬리를 보면
집사 마음이 찢어지네

내가 신이라면
모든 길고양이에게
착하고 성실한 집사를 붙여줄 텐데
행복하고 배부르게
살다 가도록

어느 고속도로 위 고양이

차가운 도로 위를
냉정한 차들은 쌩쌩 잘도 지나간다
춥디추운 길바닥에 누운
가련한 고양이 한 마리는
못 본 척 무시한 채

고양이는

고양이는 다 가졌다

그 어떤 보석보다 영롱하게 빛나는 눈을
온 세상 코 중 가장 귀여운 코를
말랑말랑 분홍색 곰 발바닥을
촬촬 윤기 나는 예쁜 털을
사랑스러운 찰랑찰랑 뱃살을
너무나도 매력적인 신비로운 성격을

뒤에서 후광이 쏟아지는
우리 고영희 씨
반하지 않을 수가 없다

고양이는 정말 최고야!

CCTV

우리 집 털복숭이 CCTV는
언제나 조금 멀리서
나를 지켜본다

내가 움직일 때마다
땡글한 눈동자가 따라와
내 지루한 일상을
반짝이는 예쁜 눈에 소복소복 담는다

4년째
긴긴 다큐멘터리를 찍고 있는
귀여운 CCTV
평생 영상이 끊기지 않았으면 좋겠다

네가

네가

화장실 바닥 물 말고

깨끗한 물을 먹었으면 좋겠어

편식하지 말고 먹었으면 좋겠어

똥을 바닥에 흘리지 않았으면 좋겠어

가구들을 찢어놓지 않으면 좋겠어

사진을 찍을 때 움직이지 않았으면 좋겠어

너를 위해 산 것들을 이용해 주면 좋겠어

꾹꾹이를 아끼지 않았으면 좋겠어

내 명치를 밟고 지나가지 않았으면 좋겠어

제발 TV 앞에 서 있지 않으면 좋겠어

내가 이런 부질없는 생각을 하는 동안

너는 또 말랑 콩떡 손으로 접시를 밀고 있지

내가

내가
화장실 바닥 물을 먹는 건
더 신선해 보여서야
편식을 하는 건
나만 그런 거 아니야
똥은
다른 애 거야
사진을 찍을 때 움직인 건
그때 바빴어
가구를 찢는 건
그게 내 것이라는 표시야
네가 산 걸 쓰지 않은 건
그냥 마음에 안 들었어
널 밟고 지나간 건
그냥 거기에 니가 있었어
내가 TV 앞에 서 있는 건
날 봤으면 하기 때문이야

그러니까 지금 들고있는
네모난거 내려놓고
얼른 나랑 놀아줘
난 언제까지나 세 살 아기고양이야

너희를 만난 날

4년 전 가을 어느 날은
너희를 처음 만난 날

눈병이 나 눈도 못 뜨는
애꾸눈이었던
아기 고양이 두 마리를 만난 날

엄마를 잃고
쇼핑백 안에서 야옹야옹 울고만 있던
아기들을 만난 날

나중에 태리와 단총이가 될
훌륭한 고양이를 만난 날

길에서 금덩이 두 개를 주워온
아주아주 좋은 날
너희를 처음 만난 날

이웃집 고양이

초판 1쇄 2022. 5. 24.

글쓴이 은성
그린이 포포

편집　　은오
마케팅 오윤정,노미선,임현순
펴낸 곳 핑크젤리

메일주소 clive99@naver.com
대표전화 070-8623-2967
　　　　 010-2426-2967

출판등록 2022년 2월 18일
isbn　979-11-978041-0-6